National Competency Standards
http://www.ncs.go.kr
네일미용직무능력표준학습모듈

JN451555

NCS 기반 실용네일 실습서

김유정, 한채연

구민사

NCS기반

실용네일 실습서

초 판 인 쇄 | 2020년 10월 20일
초 판 발 행 | 2020년 10월 30일

저 자 | 김유정 · 한채연
발 행 인 | 조규백
발 행 처 | 도서출판 구민사
| (07293)
| 서울특별시 영등포구 문래북로 116, 604호(문래동 3가 46, 트리플렉스)
전 화 | (02) 701-7421(~2)
팩 스 | (02) 3273-9642
홈 페 이 지 | www.kuhminsa.co.kr
신 고 번 호 | 제 2012-000055호(1980년 2월 4일)
I S B N | 979-11-5813-883-7(13590)
정 가 | 12,000원

머리말

네일미용 산업의 발전은 네일 전문가의 성장을 가져왔으며 현대인들에게는 연령층과 성별에 관계없이 청결하고 아름다운 손이 생활의 필수적인 요소로 자리 잡아 가고 있다.

네일미용 산업의 빠른 성장과 더불어 네일 관리가 여성들의 일상생활 깊숙이 관여하고 대중화 됨에 따라 네일 관리의 중요성을 인식하고 효과적인 표현이 가능할 수 있도록 올바르게 네일 관리를 해야 할 것이다.

이에 본 실습서는 NCS 교과과정에 따른 능력 단위 수행준거들을 기반으로 제시하였으며, 표준화된 직무를 산업 현장에서 성공적으로 수행 할 수 있도록 주별로 실무와 이론을 학습하고 학습자들이 성취수준을 평가하고 부족한 부분을 피드백 할 수 있도록 체크리스트가 제시되어 있다.

또한 NCS를 기반으로 직무능력 향상을 위해 단계별로 만들어졌으며 학생들은 학습모듈별로 학습목표를 따라 수업내용에 충실히 임하면 산업현장에서 요구하는 실무를 무리없이 수행할 수 있는 결과를 얻게 될 것이다.

학습자는 스스로 배우고자 노력하는 과정에서 성취감을 맛보고 상호실습을 통해 서로의 실습내용을 감상함으로써 타인에 대한 배려심과 바른 인성을 함양하게 된다. 결국은 학생들의 주도하에 학습하고 기술에 대한 의견을 나누고 부족한 부분을 끊임없이 연습하여 스스로의 기술에 확신을 가져야 할 것이다. 이에 본 실습서를 통해 전문적인 지식과 기초 지식은 물론이고 학습자 스스로의 자신감 또한 배양하고자 한다.

마지막으로 본 교재의 출판을 위해 도움을 주신 도서출판 구민사 조규백 대표님과 편집부 여러분께 감사의 뜻을 드린다.

저자 씀

목 차

CHAPTER

01

네일 폴리시 아트

1주차 워터 마블

2주차 폴리시 마블

1 주차 워터 마블

네일 폴리시 아트(LM1201010426_16v3)

01 학습모듈 개요

네일 폴리시와 도구를 사용하여 네일을 디자인할 수 있다.

02 학습 목표

① 일반 네일 폴리시 페인팅 디자인을 할 수 있다.

② 일반 네일 폴리시 마블 디자인을 할 수 있다.

03 학습 내용

1 워터 마블(Water Marble)

워터 마블은 물 위에 일반 네일 폴리시나 유성 물감을 떨어뜨려, 물 위에 색을 유연하게 움직이는 표현 위에 네일을 덮어 무늬를 만들어 내는 네일 미용 기법이다.

04 수행 내용

① 네일 팁을 팁 스탠드에 고정시킨 후 네일 팁의 모양과 표면을 정리한다.

② 베이스 코트를 바른다.

③ 물에 네일 폴리시를 반복적으로 떨어뜨리고 핀으로 선을 그어 무늬를 만든다.

④ 원하는 디자인 위에 네일 팁을 비스듬히 넣어준다.

⑤ 물 위에 남아있는 폴리시의 막을 깨끗이 제거한다.

⑥ 네일 팁을 꺼내 물기를 제거하고 톱 코트를 발라 마무리한다.

05 교수 · 학습 방법

1 교수 방법

① 일반 네일 폴리시의 화학 성분에 대한 이론을 설명한다.

② 일반 네일 폴리시 디자인을 위한 참고 자료를 활용하는 방법을 설명한다.

2 학습 방법

① 일반 네일 폴리시의 화학 성분에 대한 지식을 충분히 학습한다.

② 네일 미용 도구와 브러시의 사용 방법을 습득한다.

06 평가

1 평가 기준

평가자는 학습자가 수행준거 및 평가항목에 제시되어 있는 내용을 성공적으로 수행하였는지를 평가해야 한다.

2 평가 방법

평가자 체크리스트

학습내용	평가항목	성취 수준		
		상	중	하
일반 네일 폴리시 페인팅 디자인	• 일반 네일 폴리시 아트 작업 시 네일미용 도구의 사용능력			
	• 일반 네일 폴리시를 디자인 시 페인팅 브러시를 사용하는 능력			
일반 네일 폴리시 마블 디자인	• 일반 네일 폴리시의 성질을 이용한 마블 기법의 시행 능력			
	• 톱코트를 사용하여 일반 네일 폴리시 아트의 지속성을 높이는 능력			

* 피드백- 평가자 체크리스트
일반 네일 폴리시 아트를 위한 네일 미용 도구의 사용능력을 체크하고 페인팅 브러시를 사용하여 디자인하는 능력을 체크한 후 미흡한 부분을 설명해준다.

2주차 폴리시 마블

네일 폴리시 아트(LM1201010426_16v3)

01 학습모듈 개요

네일 폴리시와 도구를 사용하여 네일을 디자인 할 수 있다.

02 학습 목표

① 일반 네일 폴리시 페인팅 디자인을 할 수 있다.

② 일반 네일 폴리시 마블 디자인을 할 수 있다.

03 수행 내용

1 폴리시 마블

폴리시 마블 시 움직임에 따라 폴리시의 번짐을 확인한다.

① 베이스코트 후 유색의 일반 네일 폴리시로 풀 코트를 도포한다.

② 흰색 폴리시를 올려 위치를 잡는다.

③ 흰색 폴리시가 마르기 전에 닷 툴 등으로 폴리시를 당겨 디자인을 표현한다.

④ 중심에 점을 찍어 꽃의 형태가 표현되도록 디자인 작업한다.

⑤ 톱코트를 발라 마무리한다.

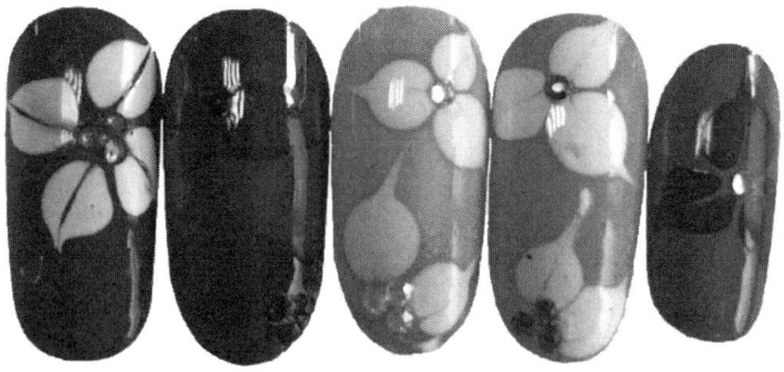

04 교수 · 학습 방법

1 교수 방법

① 일반 네일 폴리시의 화학 성분에 대한 이론을 설명한다.

② 일반 네일 폴리시 디자인을 위한 참고 자료를 활용하는 방법을 설명한다.

2 학습 방법

① 일반 네일 폴리시의 화학 성분에 대한 지식을 충분히 학습한다.

② 네일 미용 도구와 브러시의 사용 방법을 습득한다.

05 평가

1 평가 준거

평가자는 학습자가 수행준거 및 평가항목에 제시되어 있는 내용을 성공적으로 수행하였는지를 평가해야 한다.

평가 방법

평가자 체크리스트

학습내용	평가항목	성취 수준		
		상	중	하
일반 네일 폴리시 페인팅 디자인	• 일반 네일 폴리시 아트 작업 시 네일미용 도구의 사용능력			
	• 일반 네일 폴리시를 디자인 시 페인팅 브러시를 사용하는 능력			
일반 네일 폴리시 마블 디자인	• 일반 네일 폴리시의 성질을 이용한 마블 기법의 시행 능력			
	• 톱코트를 사용하여 일반 네일 폴리시 아트의 지속성을 높이는 능력			

*** 피드백 – 평가자 체크리스트**

일반 네일 폴리시 아트를 위한 네일 미용 도구의 사용능력을 체크하고 페인팅 브러시를 사용하여 디자인하는 능력을 체크한 후 미흡한 부분을 설명해준다.

CHAPTER

02

기초 핸드페인팅 아트

3주차 점 아트
4주차 선 아트
5주차 면 아트
6주차 지브라 아트
7주차 호피 아트
8주차 제1차 직무능력평가

3주차 점 아트

기초 핸드페인팅 아트(LM1201010425_16v3)

01 학습모듈 개요

물감과 도구를 사용하여 점·선·면으로 디자인할 수 있다.

02 학습 목표

다양한 도구를 활용하여 점 표현을 할 수 있다.

03 학습 내용

1 점

가장 기본 단위로 점의 수, 위치, 밝기, 색상, 크기, 표현 재료 등에 따라 모양이나 움직임, 공간감을 나타낼 수 있고 독특한 느낌을 전달할 수 있다. 점과 점 사이의 간격이 좁으면 빠르고 수축된 느낌을 주고, 점과 점 사이의 간격이 넓으면 느리고 안정된 느낌을 갖게 한다. 또한 점의 크기를 점점 크게 하면서 운동감이나 공간감을 줄 수도 있으며, 점을 포개어서 새로운 형태를 만들 수 있다.

04 수행 내용

1 점 표현하기

① 점을 찍어 물방울 아트를 표현한다.

② 사전 이미지를 스케치 하여 작업할 색상의 네일 폴리시를 덜어낸다.

③ 덜어낸 네일 폴리시를 아트 봉을 사용하여 원하는 위치에 점을 디자인하여 물방울 아트를 표현한다.

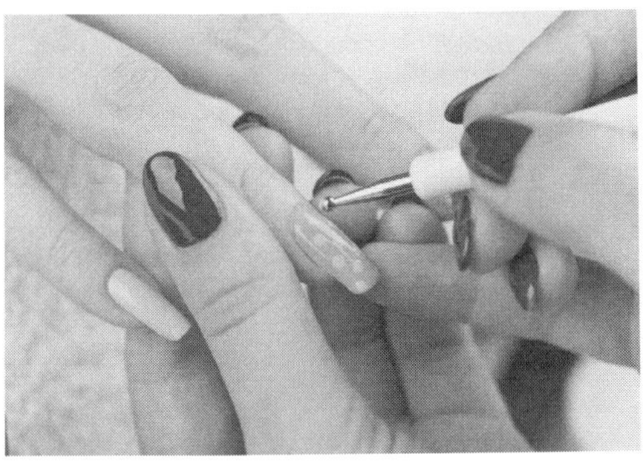

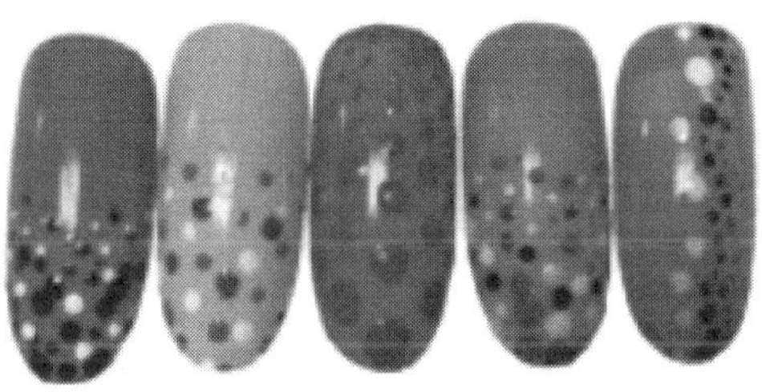

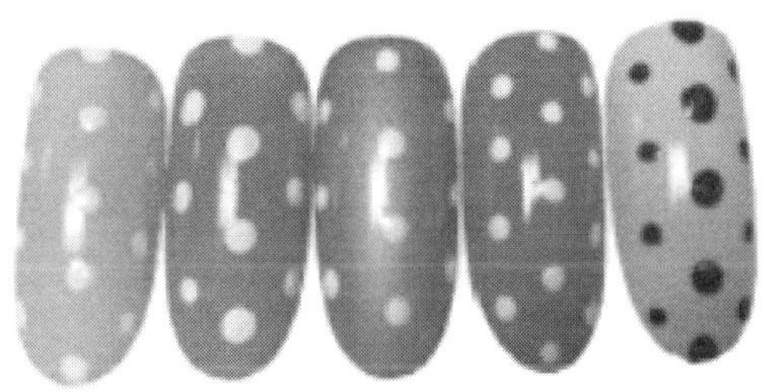

[도트 아트]

05 교수 · 학습 방법

1 교수 방법

① 네일 미용 도구인 아트 봉, 오렌지우드스틱, 브러시에 대하여 설명한다.

② 아트용 브러시를 용도별 분류사용이 가능하도록 사용법에 대하여 시범을 통하여 수업을 진행한다.

❷ 학습 방법

① 색채를 활용한 다한 느낌의 핸드페인팅을 학습한다.

② 물감과 네일 미용 도구를 적절히 활용하여 자연스러운 디자인이 표현될 수 있도록 학습한다.

06 평가

❶ 평가 준거

평가자는 학습자가 수행준거 및 평가항목에 제시되어 있는 내용을 성공적으로 수행하였는지를 평가해야 한다.

❷ 평가 방법

평가자 체크리스트

학습내용	평가항목	성취 수준		
		상	중	하
다양한 도구를 활용한 점 표현 방법	• 아크릴 물감과 도구를 사용하여 점찍는 활용 능력			
	• 네일 폴리시와 도구를 사용하여 점찍는 활용 능력			
	• 젤 네일 폴리시와 도구를 사용하여 점찍는 활용 능력			
	• 아트 봉을 활용하는 능력			
	• 브러시를 활용하는 능력			
	• 점의 크기와 구도를 응용한 디자인 표현 능력			
	• 색채 활용을 하여 디자인의 자연스러움 표현 능력			

* 피드백 – 평가자 체크리스트
위치만 나타내주는 점을 다양한 크기와 색채를 활용을 통해 창의적인 디자인을 표현할 수 있는지 체크하여 점의 색상과 크기를 활용한 아트의 완성도를 향상시키도록 한다.

4주차 선 아트

기초 핸드페인팅 아트(LM1201010425_16v3)

01 학습모듈 개요

물감과 도구를 사용하여 점·선·면으로 디자인 할 수 있다.

02 학습 목표

다양한 도구를 활용하여 선 표현을 할 수 있다.

03 학습 내용

1 선

선은 2개 이상의 점이 연결되어 위치와 방향을 가진다. 선은 무언가를 표현할 때 가장 기본적인 요소로 그림을 그리는 데 매우 중요한 방법 중 하나이다. 또 형태를 그리는 것 외에 명암, 강약, 질감, 공간, 움직임의 표현에 유용하게 쓰이며 길이, 굵기, 방향, 밝기, 재료, 선과 선 사이의 간격에 따라 리듬과 감정을 전달할 수 있다.

점의 연결방향에 따라서 남성적이며 속도감, 긴장감, 직접성, 예리함, 명쾌함, 간결함 등의 느낌을 전달하는 직선과 여성적이며 유연성, 풍요로움, 우아함, 간접성, 경쾌함 등의 느낌을 전달하는 곡선이 결정된다.

선은 가는 선(섬세함과 예민함)과 굵은 선(대담함과 둔탁함), 선의 각도에 따라 수평선(평평함과 균형감), 수직선(굳건함과 상승감), 대각선(역동성)이 있다.

04 수행 내용

1 직선 표현하기

① 선을 그어 직선 아트를 표현한다.

② 체크 디자인이나 선 디자인 등의 이미지를 스케치한다.

③ 네일 폴리시로 바탕컬러를 2번 바른 후 건조시킨다.

④ 라이너 브러시를 사용하여 가운데 선을 시작으로 직선을 그려준다.

2 곡선 표현하기

① 식물의 곡선을 모티브 하여 장식미를 표현할 수 있는 아르누보 양식 디자인 등의 이미지를 스케치한다.

② 작업할 색상의 폴리시를 덜어낸다.

③ 폴리시로 바탕 컬러를 2번 바른 후 건조시킨다.

④ 라이너 브러시를 이용하여 곡선을 그려준다.

05 교수 · 학습 방법

1 교수 방법

① 용도별 라이너 브러시의 사용법에 대해 설명한다.

② 선명한 라인을 그릴 수 있도록 물감의 비율과 붓의 힘 조절에 대해 설명한다.

2 학습 방법

① 선의 배치나 굵기를 잘 표현 할 수 있도록 학습한다.

② 실습을 통하여 자신의 작품을 발표하고 토론을 통해 새로운 디자인 방법을 찾는다.

06 평가

1 평가 준거

평가자는 학습자가 수행준거 및 평가항목에 제시되어 있는 내용을 성공적으로 수행하였는지를 평가해야 한다.

2 평가 방법

평가자 체크리스트

학습내용	평가항목	성취 수준		
		상	중	하
브러시를 이용한 선 표현 방법	– 직선을 활용한 선 아트 표현 능력			
	– 곡선을 활용한 선 아트 표현 능력			
	– 배색을 활용한 선 아트 표현 능력			
	– 색채를 활용한 선 응용 아트 표현 능력			

* 피드백 – 평가자 체크리스트
선과 색채에 관련된 디자인 자료를 수집하여 창의적인 선 아트를 표현할 수 있는지 체크하고 아트의 완성도를 향상시킬 수 있도록 한다.

5주차 면 아트

기초 핸드페인팅 아트(LM1201010425_16v3)

01 학습모듈 개요

물감과 도구를 사용하여 점·선·면으로 디자인할 수 있다.

02 학습 목표

① 다양한 도구를 활용하여 면 표현을 할 수 있다.

03 학습 내용

1 면

여러 개의 점과 선이 모여 만들어지는 것으로, 시작은 점과 선이지만 반복되면 면이 생기게 된다. 점과 선이 만나는 것에 따라 깊이는 없지만 길이와 넓이를 가지는 평면과 곡면, 그 외 다양한 면이 만들어진다. 면에 색채 효과를 주어 공간이나 입체 느낌을 주는 것도 가능하며, 면을 나누거나 여러 면을 겹쳐 새로운 면을 만들 수도 있다.

04 수행 내용

1 면 아트하기

① 이미지를 스케치 한다.

② 작업할 색상의 네일 폴리시를 덜어낸다.

③ 바탕 컬러를 2번 바른 후 사각형을 그리며 면을 채워준다.

④ 같은 방법으로 도형을 그린 후 색을 칠해 준다.

2 브러시 종류와 용도

납작(평) 브러시	사선(앵글) 브러시	필벗 브러시	동근(환) 브러시	라이너(세필) 브러시	도트펜
	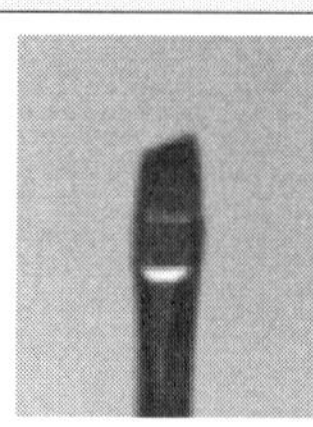	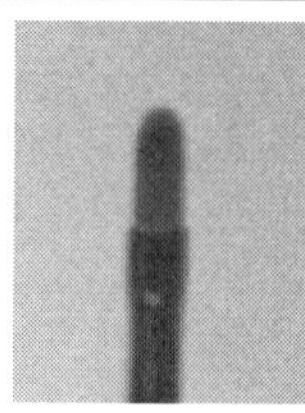	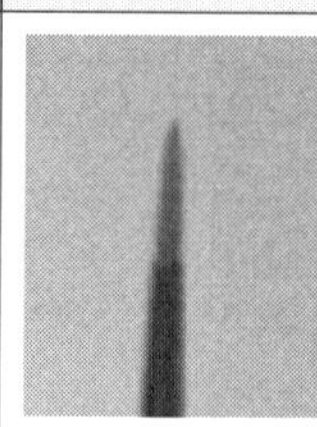	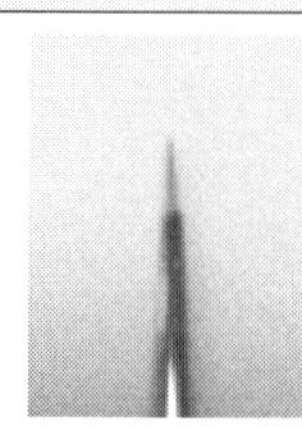	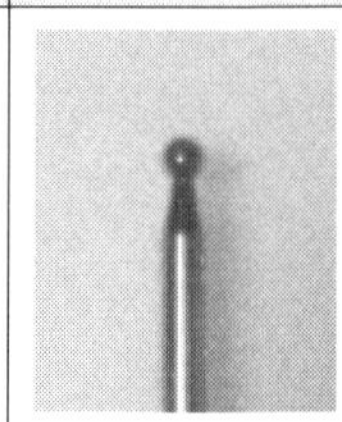
끝이 납작하면서 일자 브러시 바탕 컬러나 그러데이션, 꽃잎 등 다양한 기법에 활용	끝이 납작하면서 사선 브러시 꽃잎을 그리거나 명암을 줄때 사용	끝이 납작하면서 둥근 브러시 둥근 꽃잎이나 잎사귀 그릴 때 사용	끝이 뾰족하고 둥근 브러시 콤마 스트로크, 데이지에 사용	끝이 얇고 뾰족한 브러시 라인, 곡선, 섬세한 작업을 할 때 사용	도트 찍을 때 사용

05 교수 · 학습 방법

1 교수 방법

① 아트용 브러시를 용도별 분류 사용이 가능하도록 사용법에 대하여 설명한다.

② 컬러와 디자인이 고객에게 어울리는지 고려하는 방법을 설명한 후 수업을 진행한다.

2 학습 방법

① 다양한 물감의 종류를 구분하여 사용할 수 있어야 한다.

② 면으로 표현된 자료를 수집하여 발표한다.

06 평가

1 평가 준거

평가자는 학습자가 수행준거 및 평가항목에 제시되어 있는 내용을 성공적으로 수행하였는지를 평가해야 한다.

2 평가 방법

평가자 체크리스트

학습내용	평가항목	성취 수준		
		상	중	하
브러시를 이용한 면 표현 방법	• 도형을 이용한 면 아트 활용 능력			
	• 터치기법을 이용한 면 아트 활용 능력			
	• 하트 프렌치를 응용한 면 아트 활용 능력			
	• 색채를 이용한 사선 체크무늬 활용 능력			
	• 색채를 이용한 세로선 체크무늬 활용 능력			
	• 색채와 응용기법의 체크무늬 활용 능력			
디자인의 지속성 유지 방법	• 톱코트나 톱 젤 도포 능력			
	• 유광 톱 젤과 무광 톱 젤의 도포 능력			
	• 올바른 톱코트나 톱 젤 바르는 능력			
	• 디자인의 지속성 및 유지력에 따른 작업 능력			

*** 피드백-평가자 체크리스트**
용도별 핸드페인팅 브러시를 이용하여 창의적인 디자인을 표현할 수 있는지 체크하여 독특한 색감의 아트를 표현하고 완성도를 향상시킬 수 있도록 한다.

물감과 도구를 이용한 점으로 아트하기 (점의 배치, 크기, 색채를 활용한 step by step)

✓ 자료수집과 스케치 실습용지

자료 수집	스케치
	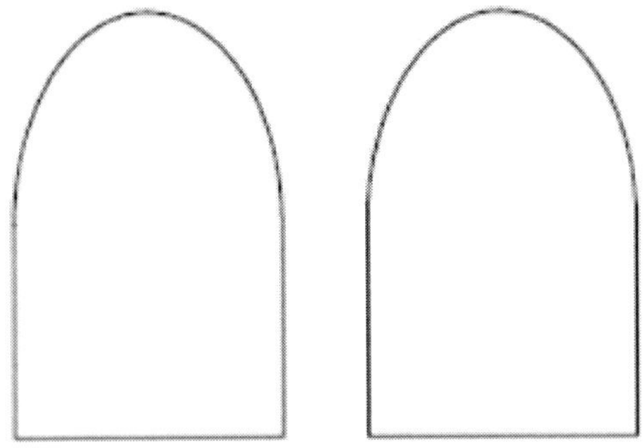
	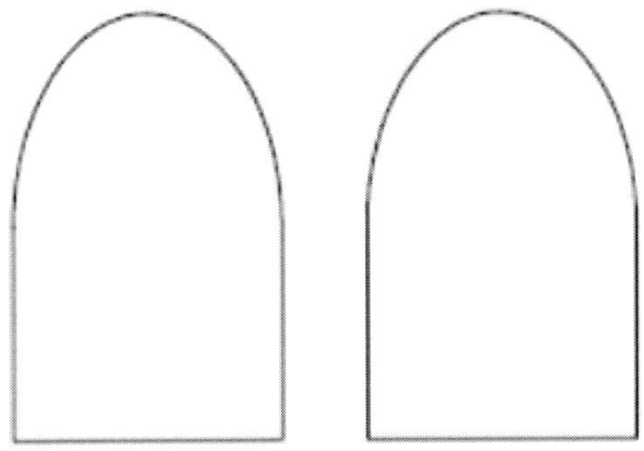
	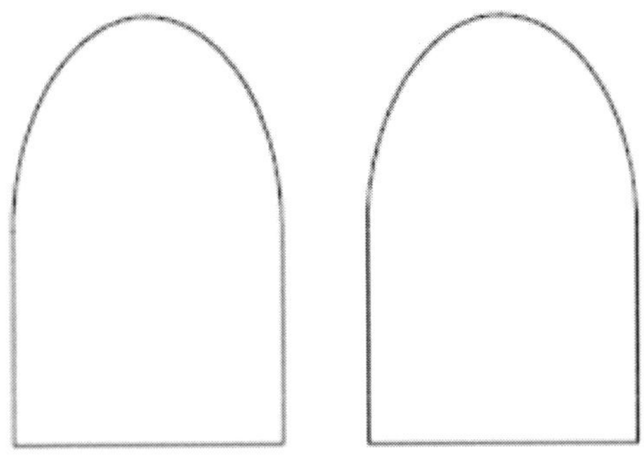
	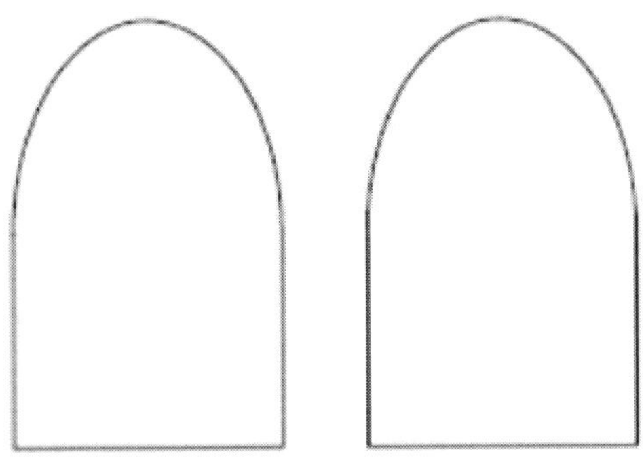

6주차 지브라 아트

기초 핸드페인팅 아트(LM1201010425_16v3)

01 학습모듈 개요

물감과 도구를 사용하여 점·선·면으로 디자인할 수 있다.

02 학습 목표

다양한 도구를 활용하여 지브라 무늬를 표현할 수 있다.

03 학습 내용

1 지브라 아트

아크릴 물감과 브러시를 사용하여 선을 이용하여 섬세한 터치와 개성으로 지브라 무늬를 디자인할 수 있다. 다양한 색상과 불규칙한 선의 굵기와 길이가 매력적인 얼룩말 무늬를 표현할 수 있는 가장 기본적인 디자인이다.

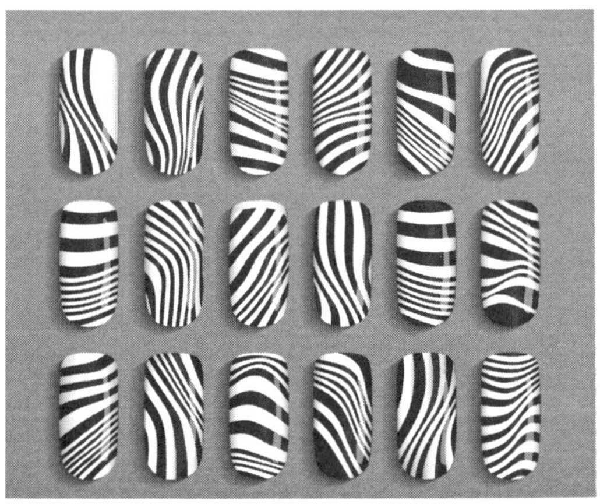

04 수행 내용

① 작업할 색상의 아크릴 물감 혹은 폴리시를 팔레트에 덜어낸다.

② 베이스 코트를 바른다.

③ 아크릴 물감이나 네일 폴리시를 전체에 바른다.

④ 건조된 컬러 위에 지브라 무늬를 그린다.

⑤ 디자인이 건조된 후에 톱 코트를 발라준다.

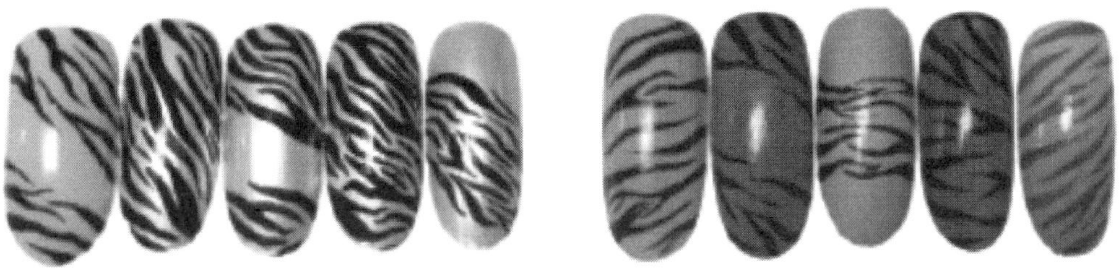

[지브라 아트]

05 교수 · 학습 방법

1 교수 방법

① 네일 미용 도구인 아트 봉, 오렌지우드스틱, 브러시에 대하여 설명한다.

② 아트용 브러시를 용도별 분류사용이 가능하도록 사용법에 대하여 시범을 통하여 수업을 진행한다.

2 학습 방법

① 색채를 활용한 다한 느낌의 핸드페인팅을 학습한다.

② 물감과 네일 미용 도구를 적절히 활용하여 자연스러운 디자인이 표현될 수 있도록 학습한다.

06 평가

1 평가 준거

평가자는 학습자가 수행준거 및 평가항목에 제시되어 있는 내용을 성공적으로 수행하였는지를 평가해야 한다.

2 평가 방법

평가자 체크리스트

학습내용	평가항목	성취 수준		
		상	중	하
다양한 도구를 활용한 점 표현 방법	• 아크릴 물감과 도구를 사용하여 점찍는 활용 능력			
	• 네일 폴리시와 도구를 사용하여 점찍는 활용 능력			
	• 젤 네일 폴리시와 도구를 사용하여 점찍는 활용 능력			
	• 아트 봉을 활용하는 능력			
	• 브러시를 활용하는 능력			
	• 점의 크기와 구도를 응용한 디자인 표현 능력			
	• 색채 활용을 하여 디자인의 자연스러움 표현 능력			

* 피드백 – 평가자 체크리스트
위치만 나타내주는 점을 다양한 크기와 색채를 활용을 통해 창의적인 디자인을 표현할 수 있는지 체크하여 점의 색상과 크기를 활용한 아트의 완성도를 향상시키도록 한다.

네일 폴리시 디자인 적용 과정

1. 네일 폴리시 적용 단계

1	2	3
4	5	6

[디자인 참고 자료]

7 주차 호피 아트

기초 핸드페인팅 아트(LM1201010425_16v3)

01 학습모듈 개요

물감과 도구를 사용하여 점·선·면으로 디자인할 수 있다.

02 학습 목표

다양한 도구를 활용하여 호피 무늬를 표현할 수 있다.

03 학습 내용

1 호피 아트

아크릴 물감과 브러시를 사용하여 점, 선, 면을 이용해 표현할 수 있으며 섬세한 터치와 개성으로 호피무늬를 디자인 할 수 있다. 동물 패턴 중에서 가장 인기 많은 디자인으로 다양한 색상을 이용해 연출할 수 있다.

04 수행 내용

① 작업할 색상의 아크릴 물감 혹은 폴리시를 팔레트에 덜어낸다.

② 베이스 코트를 바른다.

③ 아크릴 물감이나 네일 폴리시를 전체에 바른다.

④ 건조된 컬러 위에 호피 무늬를 그린다.

⑤ 디자인이 건조된 후에 톱 코트를 발라준다.

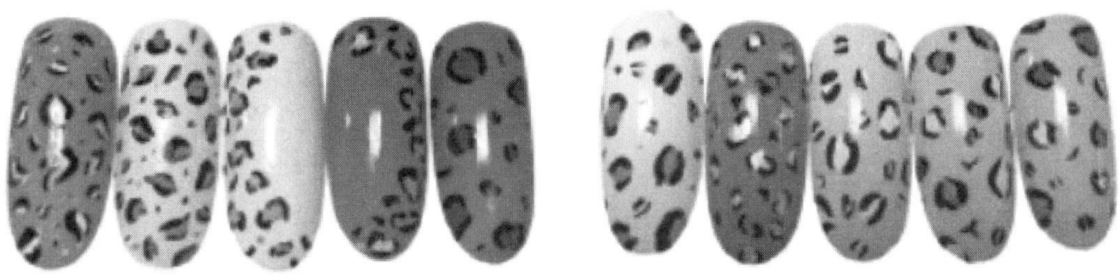

[호피 아트]

05 교수 · 학습 방법

1 교수 방법

① 네일 미용 도구인 아트 봉, 오렌지우드스틱, 브러시에 대하여 설명한다.

② 아트용 브러시를 용도별 분류사용이 가능하드록 사용법에 대하여 시범을 통하여 수업을 진행한다.

2 학습 방법

① 색채를 활용한 다한 느낌의 핸드페인팅을 학습한다.

② 물감과 네일 미용 도구를 적절히 활용하여 자연스러운 디자인이 표현될 수 있도록 학습한다.

06 평가

1 평가 준거

평가자는 학습자가 수행준거 및 평가항목에 제시되어 있는 내용을 성공적으로 수행하였는지를 평가해야 한다.

2 평가 방법

평가자 체크리스트

학습내용	평가항목	성취 수준		
		상	중	하
다양한 도구를 활용한 점 표현 방법	• 아크릴 물감과 도구를 사용하여 점찍는 활용 능력			
	• 네일 폴리시와 도구를 사용하여 점찍는 활용 능력			
	• 젤 네일 폴리시와 도구를 사용하여 점찍는 활용 능력			
	• 아트 봉을 활용하는 능력			
	• 브러시를 활용하는 능력			
	• 점의 크기와 구도를 응용한 디자인 표현 능력			
	• 색채 활용을 하여 디자인의 자연스러움 표현 능력			

* 피드백- 평가자 체크리스트
위치만 나타내주는 점을 다양한 크기와 색채를 활용을 통해 창의적인 디자인을 표현할 수 있는지 체크하여 점의 색상과 크기를 활용한 아트의 완성도를 향상시키도록 한다.

네일 폴리시 디자인 적용 과정

1. 네일 폴리시 적용 단계

1	2	3
4	5	6

[디자인 참고 자료]

8주차 제1차 직무수행능력평가

네일 폴리시 아트(LM1201010426_16v3)

<table>
<tr><td>주 차</td><td colspan="3">8 주</td></tr>
<tr><td>능력단위요소</td><td colspan="3">수 행 준 거</td></tr>
<tr><td rowspan="2">선으로 디자인하기</td><td colspan="3">선을 표현하기 위하여 다양한 핸드 페인팅 브러시를 사용할 수 있다.</td></tr>
<tr><td colspan="3">네일 디자인 다양한 창의적 개발을 위하여 선을 응용할 수 있다.</td></tr>
<tr><td rowspan="2">면으로 디자인하기</td><td colspan="3">면을 표현하기 위하여 핸드페인팅 브러시를 사용할 수 있다.</td></tr>
<tr><td colspan="3">네일 디자인의 다양한 창의적 개발을 위하여 면을 이용할 수 있다.</td></tr>
<tr><td>교수·학습목표</td><td colspan="3">선&면 디자인</td></tr>
<tr><td colspan="2">평가 항목</td><td>배점</td><td></td></tr>
<tr><td colspan="2">네일 디자인의 다양한 창의적 개발을 위하여 점을 응용할 수 있다.</td><td>10</td><td rowspan="3">30</td></tr>
<tr><td colspan="2">선을 표현하기 위하여 다양한 핸드 페인팅 브러시를 사용할 수 있다.</td><td>10</td></tr>
<tr><td colspan="2">네일 디자인의 다양한 창의적 개발을 위하여 면을 응용할 수 있다.</td><td>10</td></tr>
<tr><td>평가</td><td>직무 수행 능력평가 1차</td><td colspan="2"></td></tr>
<tr><td rowspan="3">학습준비
(재료 및
도구)</td><td>재료(도구)명</td><td>규격</td><td>필요수량</td></tr>
<tr><td>빔 프로젝트, 책상, 의자</td><td></td><td></td></tr>
<tr><td></td><td></td><td></td></tr>
</table>

CHAPTER

03

네일 장식물 활용

9주차 스트라이핑 테이프

네일 장식물 활용(LM1201010424_16v3)

01 학습모듈 개요

고객의 미적 요구 충족을 위하여 네일 장식물을 활용할 수 있다.

02 학습 목표

① 네일 전용 스티커디자인을 부착할 수 있다.

03 학습 내용

1 스트라이핑 테이프

① 다양한 컬러의 얇은 테이프로 라인 테이프라고도 한다.

② 테이프 뒷면에 접착제가 도포되어 있어 네일 위에 간편하게 부착하고 사선, 직선, 모양을 디자인할 수 있다.

③ 선으로 표현되는 세련된 네일아트 기법으로 네일 스톤 등과 함께 사용하여 화려하게 연출할 수 있다.

04 수행 내용

① 베이스 코트를 바른다.

② 원하는 컬러를 손톱 전체에 바른다.

③ 건조된 컬러 위에 사선 또는 직선으로 테이프를 붙힌 후 손톱 밖으로 나온 테이프는 랩 가위로 재단한다.

④ 톱코트를 발라 들뜨거나 벗겨지는 것을 방지해준다.

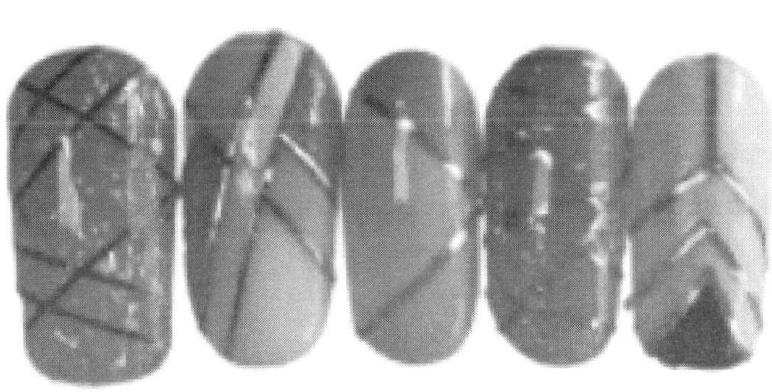

[스트라이핑 테이프]

05 교수 · 학습 방법

1 교수 방법

① 네일에 표현 가능한 다양한 평면 장식물 관련 사진 자료 등을 제시하며 설명한다.

② 평면 장식물 디자인의 지속성을 높여줄 수 있는 방법에 대해 설명한다.

2 학습 방법

① 다양한 평면 장식물을 활용하여 디자인을 할 수 있도록 재료 및 도구를 분류할 수 있다.

② 평면 장식물 디자인의 지속성을 높일 수 있는 마무리 방법에 대해 이해하고 각자의 방법을 발표할 수 있다.

06 평가

1 평가 준거

평가자는 학습자가 수행준거 및 평가항목에 제시되어 있는 내용을 성공적으로 수행하였는지를 평가해야 한다.

2 평가 방법

평가자 체크리스트

학습내용	평가항목	성취 수준		
		상	중	하
네일 전용 필름 및 스티커 디자인하여 부착	• 네일 전용 필름을 전체 또는 부분적으로 디자인하는 능력			
	• 네일 스티커를 전체 또는 부분적으로 디자인하는 능력			
	• 필름과 스티커를 활용하여 창의적으로 디자인하는 능력			
네일 전용 필름 및 스티커 부착 마무리	• 스티커 아트의 지속성을 높여주기 위해 마무리하는 능력			

* 피드백- 평가자 체크리스트
마무리에 프리에지의 범위를 벗어날 경우 부드러운 파일로 프리에지 부분을 파일링하여 들뜨지 않도록 체크해주며, 충분히 습득되도록 보충 학습한다.

네일 폴리시 디자인 적용 과정

1. 네일 폴리시 적용 단계

1	2	3
4	5	6

[디자인 참고 자료]

10주차 필름

네일 장식물 활용(LM1201010424_16v3)

01 학습모듈 개요

고객의 미적 요구 충족을 위하여 네일 장식물을 활용할 수 있다.

02 학습 목표

네일 전용 필름 및 스티커를 부착할 수 있다.

03 학습 내용

1 필름

다양한 컬러의 아주 얇은 시트지로 네일 전체 표면에 전용 글루를 도포하거나 네일 일부에만 도포한 후 필름을 부착하여 표현한다. 필름 뒷면에 접착제가 도포되어 있는 제품도 있으며 홀로그램, 포일, 유리 조각 등이 빛에 반사되어 광택이 매우 뛰어나다. 원하는 디자인을 가위로 재단하여 사용하기도 하며 전용 글루나 젤의 끈적임의 원리를 이용하여 붙였다 떼어 내며 자유롭게 연출할 수 있다.

04 수행 내용

① 필름이나 유리조각을 적당한 크기로 자른다.

② 베이스 젤 바른 후 큐어링한다.

③ 컬러 젤 2회 바른 후 큐어링하고 미경화 젤을 닦아낸다.

④ 네일 위에 유리조각을 잘라 올리고 큐어링한다.

⑤ 탑 젤이나 클리어 젤을 도포한 후 큐어링한다.

⑥ 네일 표면을 정리하고 톱 젤을 바른 후 큐어링한다.

[네일 필름]

05 교수 · 학습 방법

1 교수 방법

① 네일에 표현 가능한 다양한 평면 장식물 관련 사진 자료 등을 제시하며 설명한다.

② 평면 장식물 디자인의 지속성을 높여줄 수 있는 방법에 대해 설명한다.

2 학습 방법

① 다양한 평면 장식물을 활용하여 디자인을 할 수 있도록 재료 및 도구를 분류할 수 있다.

② 평면 장식물 디자인의 지속성을 높일 수 있는 마무리 방법에 대해 이해하고 각자의 방법을 발표할 수 있다.

06 평가

1 평가 준거

평가자는 학습자가 수행준거 및 평가항목에 제시되어 있는 내용을 성공적으로 수행하였는지를 평가해야 한다.

2 평가 방법

평가자 체크리스트

학습내용	평가항목	성취 수준		
		상	중	하
네일 전용 필름 및 스티커 디자인하여 부착	• 네일 전용 필름을 전체 또는 부분적으로 디자인하는 능력			
	• 네일 스티커를 전체 또는 부분적으로 디자인하는 능력			
	• 필름과 스티커를 활용하여 창의적으로 디자인하는 능력			
네일 전용 필름 및 스티커 부착 마무리	• 스티커 아트의 지속성을 높여주기 위해 마무리하는 능력			

* 피드백– 평가자 체크리스트
마무리에 프리에지의 범위를 벗어날 경우 부드러운 파일로 프리에지 부분을 파일링하여 들뜨지 않도록 체크해주며, 충분히 습득되도록 보충 학습한다.

네일 폴리시 디자인 적용 과정

1. 네일 폴리시 적용 단계

1	2	3
4	5	6

[디자인 참고 자료]

11 주차 데칼

네일 장식물 활용(LM1201010424_16v3)

01 학습모듈 개요

고객의 미적 요구 충족을 위하여 네일 장식물을 활용할 수 있다.

02 학습 목표

네일 전용 데칼을 부착할 수 있다.

03 학습 내용

1 데칼

① 다양한 모양과 컬러의 종잇조각을 일컫는 말로 납작하거나 반 입체적인 엠보 느낌의 접착스티커 형태로 되어 있으며 이를 데칼이라고 한다.

② 원하는 무늬를 네일에 붙여서 표현하는 제품과, 물에 불려 도안을 떼어내는 제품이 있으며 네일에 스티커를 부착 후 톱 코트 또는 젤로 마무리 도포해야 한다.

04 수행 내용

① 베이스 코트를 바른다.

② 폴리시를 바른다.

③ 건조된 컬러 위에 핀셋을 사용해 다양한 모양의 데칼을 붙힌 후 톱 코트를 바른다.

[데칼]

05 교수 · 학습 방법

1 교수 방법

① 네일에 표현 가능한 다양한 평면 장식물 관련 사진 자료 등을 제시하며 설명한다.

② 평면 장식물 디자인의 지속성을 높여줄 수 있는 방법에 대해 설명한다.

2 학습 방법

① 다양한 평면 장식물을 활용하여 디자인을 할 수 있도록 재료 및 도구를 분류할 수 있다.

② 평면 장식물 디자인의 지속성을 높일 수 있는 마무리 방법에 대해 이해하고 각자의 방법을 발표할 수 있다.

06 평가

1 평가 준거

평가자는 학습자가 수행준거 및 평가항목에 제시되어 있는 내용을 성공적으로 수행하였는지를 평가해야 한다.

2 평가 방법

평가자 체크리스트

학습내용	평가항목	성취 수준		
		상	중	하
네일 전용 필름 및 스티커 디자인하여 부착	• 네일 전용 필름을 전체 또는 부분적으로 디자인하는 능력			
	• 네일 스티커를 전체 또는 부분적으로 디자인하는 능력			
	• 필름과 스티커를 활용하여 창의적으로 디자인하는 능력			
네일 전용 필름 및 스티커 부착 마무리	• 스티커 아트의 지속성을 높여주기 위해 마무리하는 능력			

*** 피드백 – 평가자 체크리스트**

마무리에 프리에지의 범위를 벗어날 경우 부드러운 파일로 프리에지 부분을 파일링하여 들뜨지 않도록 체크해주며, 충분히 습득되도록 보충 학습한다.

네일 폴리시 디자인 적용 과정

1. 네일 폴리시 적용 단계

1	2	3
4	5	6

[디자인 참고 자료]

12주차 라인스톤

네일 장식물 활용(LM1201010424_16v3)

01 학습모듈 개요

고객의 미적 요구 충족을 위하여 네일 장식물을 활용할 수 있다.

02 학습 목표

네일 전용 라인스톤을 부착할 수 있다.

03 학습 내용

1 라인스톤

다양한 모양과 크기, 컬러의 인조 보석으로, 흔히 큐빅이라고도 하며 한쪽 면이 납작하게 되어있어 손톱 위에 부착하여 디자인한다. 다양한 컬러의 반짝임이 있는 반입체적인 인조 보석으로 포인트 효과를 내기 위해 손쉽게 연출할 수 있는 표현기법이다.

04 수행 내용

1 라인

① 베이스 코트를 바른다.

② 폴리시를 바른다.

③ 건조된 컬러 위에 젤 글루 또는 톱 코트를 원하는 위치에 접착한다.

④ 핀셋을 사용해서 스톤을 부착한 후 스톤을 눌러준다.

⑤ 톱 코트를 바른다.

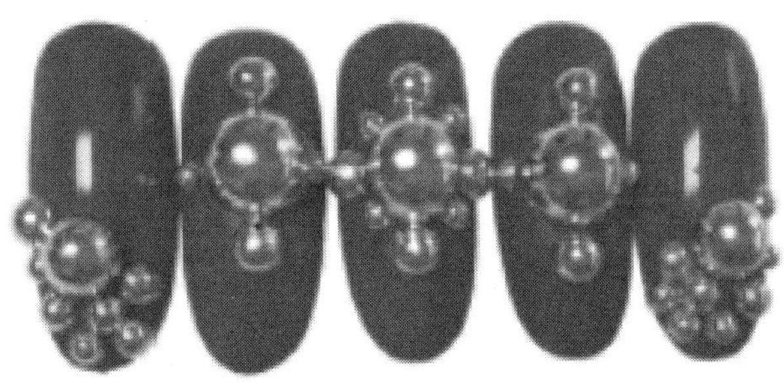

[라인스톤]

05 교수 · 학습 방법

1 교수 방법

① 다양한 아트 작품 관련 사진자료를 활용해 설명한다.

② 외관상 접착제가 보이지 않도록 접착제를 도포한다.

2 학습 방법

① 장식물의 종류별 사용방법에 대하여 상호 작업을 할 수 있다.

② 젤 및 접착제 사용 시 정확한 방법을 이해하고 고정할 수 있다.

06 평가

1 평가 준거

평가자는 학습자가 수행준거 및 평가항목에 제시되어 있는 내용을 성공적으로 수행하였는지를 평가해야 한다.

2 평가 방법

평가자 체크리스트

학습내용	평가항목	성취 수준		
		상	중	하
인조보석 2D 장식물 부착	• 2D 장식물 크기에 따른 접착제 선택과 접착 능력			
인조보석 2D 장식물 부착 마무리	• 작업된 2D 장식물 부착 부위가 들떠 있는 부분을 보완하여 잘 접착하는 능력			
	• 2D 장식물의 지속성을 높이기 위한 접착 마무리 능력			

* 피드백– 평가자 체크리스트
장식물 부착 후 세필 브러시로 논 와이프 톱젤을 잘 도포하였는지 체크하고, 미경화 젤이 남아있지 않도록 학습한다.

네일 폴리시 디자인 적용 과정

1. 네일 폴리시 적용 단계

1	2	3
4	5	6

[디자인 참고 자료]

CHAPTER

04

젤 폴리시 아트

13주차 대리석

14주차 선 마블, 부채꼴 마블

15주차 제2차 직무능력평가

13주차 대리석

네일 폴리시 아트(LM1201010426_16v3)

01 학습모듈 개요

젤 페인팅 브러시를 사용하여 젤 네일 폴리시를 조화롭게 디자인할 수 있다.

02 학습 목표

네일 전용 브러시를 사용하여 대리석 마블을 할 수 있다.

03 학습 내용

1 대리석 아트

젤 네일 폴리시와 라인 브러시를 사용하여 네일 위에 두 가지 이상의 폴리시를 혼합하여 마블 형태를 만든 후 큐어링하는 기법으로 네일 폴리시의 성질과 기법에 따라 디자인할 수 있다.

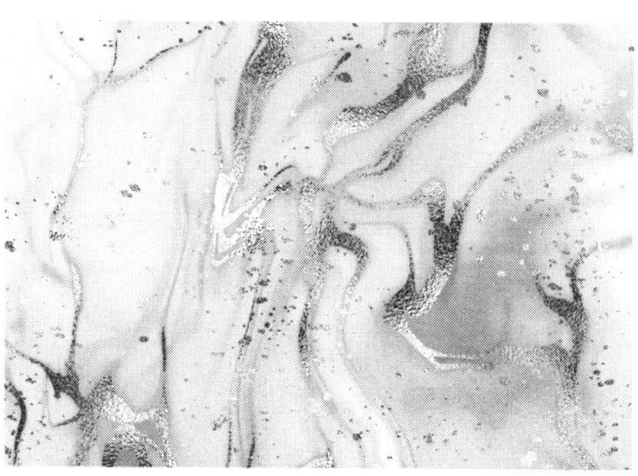

04 수행 내용

① 네일 팁을 팁 스탠드에 고정시킨 후 네일 팁의 모양과 표면을 정리한다.

② 베이스 젤을 얇게 바른 후 큐어링한다.

③ 붉은 계열과 브라운 계열의 색을 군데군데 바르고 큐어링한다

④ 블랙 컬러를 세필브러시에 묻혀 불규칙한 대리석 라인을 그려 표현한다.

⑤ 베이스 젤을 라운드 브러시에 묻혀 가볍게 터치하며 경계를 풀어준다.

⑥ 큐어링한다.

⑦ 탑 젤을 바른 후 큐어링하여 마무리한다.

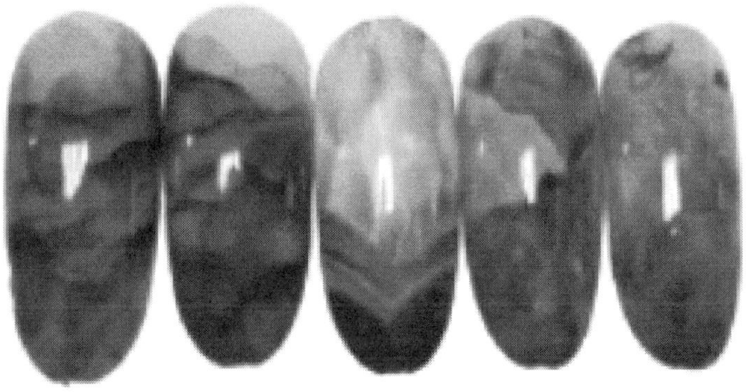

[대리석 아트]

05 교수 · 학습 방법

1 교수 방법

① 젤 네일 폴리시에 대한 이론 지식과 네일 미용 도구 및 브러시에 대해 설명한다.

② 네일 디자인을 위한 참고 자료를 수집하고 활용하는 방법을 설명한다.

2 학습 방법

① 젤 네일 폴리시와 네일 미용 도구 및 브러시에 대한 지식을 학습한다.

② 젤 네일 폴리시 아트에 대한 용어를 학습한다.

06 평가

1 평가 준거

평가자는 학습자가 수행준거 및 평가항목에 제시되어 있는 내용을 성공적으로 수행하였는지를 평가해야 한다.

2 평가 방법

평가자 체크리스트

학습내용	평가항목	성취 수준		
		상	중	하
젤 네일 폴리시 페인팅 디자인	• 젤 네일 폴리시 아트 작업 시 네일미용 도구를 사용하는 능력			
	• 젤 네일 폴리시를 디자인 시 페인팅 브러시를 사용하는 능력			
젤 네일 폴리시 마블 디자인	• 젤 네일 폴리시의 성질을 이용한 마블 기법을 시행하는 능력			
	• 톱 젤을 사용하여 젤 네일 폴리시 아트의 지속성을 높이는 능력			

* 피드백- 평가자 체크리스트
젤 네일 폴리시 성질을 이용한 마블 디자인 능력을 체크하고 아트의 지속성을 높이는 능력을 체크한 후 미흡한 부분은 설명한다.

네일 폴리시 디자인 적용 과정

1. 네일 폴리시 적용 단계

1	2	3
4	5	6

[디자인 참고 자료]

14주차 선 마블, 부채꼴 마블

일네일 폴리시 아트(LM1201010426_16v3)

01 학습모듈 개요

고객의 미적 요구 충족을 위하여 네일 장식물을 활용할 수 있다.

02 학습 목표

네일 전용 라인스톤을 부착할 수 있다.

03 학습 내용

1 선 마블

(1) 시술 재료 및 도구

레드 젤 폴리시, 화이트 젤 폴리시, 베이스 젤, 탑 젤, 세필 브러시, 젤 전용 브러시, 젤 클리너, 젤 램프 기기, 팔레트(알루미늄 포일), 퍼프, 오렌지 우드스틱

04 수행 내용

① 네일 팁을 팁 스탠드에 고정시킨 후 네일 팁의 모양과 표면을 정리한다.

② 베이스 젤을 얇게 바른 후 큐어링한다.

③ 흰색과 빨강색을 번갈아 가며 총 8개의 교차된 세로의 직선 형태로 도포한다.

④ 세필 브러시를 이용하여 가로선은 5줄로 좌·우측 방향으로 번갈아가며 마블 디자인을 표현한다.

⑤ 주변의 젤 네일 폴리시를 정리한 후 큐어링한다.

⑥ 탑 젤을 바른 후 큐어링한다.

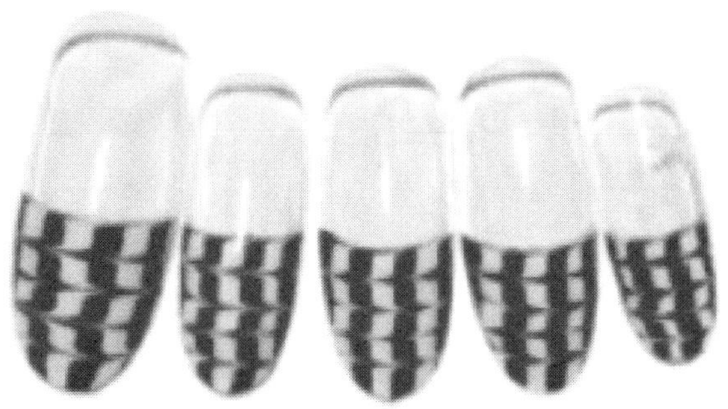

[선 마블 아트]

네일 폴리시 디자인 적용 과정

1. 네일 폴리시 적용 단계

1	2	3
4	5	6

[디자인 참고 자료]

05 학습 내용

1 부채꼴 마블

(1) 시술 재료 및 도구

레드 젤 폴리시, 화이트 젤 폴리시, 베이스 젤, 톱 젤, 세필 브러시, 젤 전용 브러시, 젤 클리너, 젤 램프 기기, 오렌지우드스틱

06 수행 내용

① 네일 팁을 팁 스탠드에 고정시킨 후 네일 팁의 모양과 표면을 정리한다.

② 베이스 젤을 얇게 바른 후 큐어링한다.

③ 빨강색 젤 네일 폴리시를 바른 후 큐어링시킨다. 2코트 진행한다.

④ 흰색과 빨강색을 번갈아 가며 총 7개의 둥근 부채꼴 모양의 교차된 가로선을 도포한다.

⑤ 세필 브러시를 이용하여 구심점을 중심으로 7개의 세로선을 번갈아가며 마블 디자인을 표현한다.

⑥ 주변의 젤 네일 폴리시를 정리한 후 큐어링한다.

⑦ 탑 젤을 바른 후 큐어링한다.

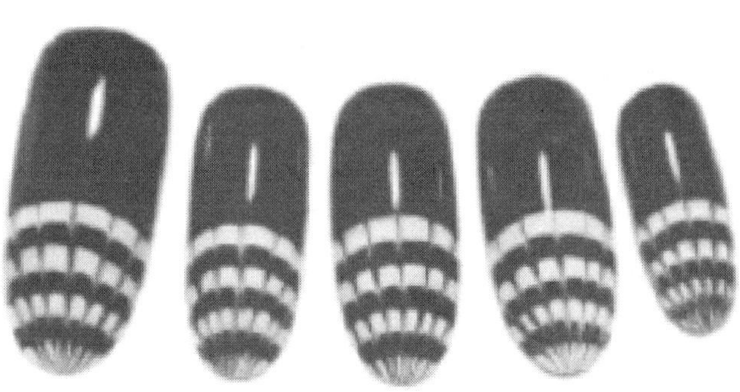

[부채꼴 마블 아트]

네일 폴리시 디자인 적용 과정

1. 네일 폴리시 적용 단계

1	2	3
4	5	6

[디자인 참고 자료]

07 교수 · 학습방법

1 교수 방법

① 젤 네일 폴리시에 대한 이론 지식과 네일 미용 도구 및 브러시에 대해 설명한다.

② 네일 디자인을 위한 참고 자료를 수집하고 활용하는 방법을 설명한다.

2 학습 방법

① 젤 네일 폴리시와 네일 미용 도구 및 브러시에 대한 지식을 학습한다.

② 젤 네일 폴리시 아트에 대한 용어를 학습한다.

08 평가

1 평가 준거

평가자는 학습자가 수행준거 및 평가항목에 제시되어 있는 내용을 성공적으로 수행하였는지를 평가해야 한다.

2 평가 방법

평가자 체크리스트

학습내용	평가항목	성취 수준		
		상	중	하
젤 네일 폴리시 페인팅 디자인	• 젤 네일 폴리시 아트 작업 시 네일미용 도구를 사용하는 능력			
	• 젤 네일 폴리시를 디자인 시 페인팅 브러시를 사용하는 능력			
젤 네일 폴리시 마블 디자인	• 젤 네일 폴리시의 성질을 이용한 마블 기법을 시행하는 능력			
	• 톱 젤을 사용하여 젤 네일 폴리시 아트의 지속성을 높이는 능력			

*** 피드백– 평가자 체크리스트**
젤 네일 폴리시 성질을 이용한 마블 디자인 능력을 체크하고 아트의 지속성을 높이는 능력을 체크한 후 미흡한 부분은 설명한다.

15 주차 제2차 직무수행능력평가

네일 폴리시 아트(LM1201010426_16v3)

능력단위요소	수 행 준 거
젤 네일 폴리시 아트하기	네일 미용 도구를 사용하여 다양한 색상의 젤 네일 폴리시 아트 작업을 시행할 수 있다.
	젤 페인팅 브러시를 사용하여 다양한 색상의 젤 네일 폴리시를 조화롭게 디자인할 수 있다
	젤 네일 폴리시의 성질을 이용하여 마블 기법을 시행할 수 있다.
	톱젤을 사용하여 젤 네일 폴리시 아트의 지속성을 높일 수 있다.
교수·학습목표	젤 네일 폴리시 아트

평가 항목	배점	
네일 전용 필름을 접착제를 사용하여 원하는 위치에 전체 또는 부분적으로 디자인할 수 있다.	5	20
선을 표현하기 위하여 다양한 핸드 페인팅 브러시를 사용 할 수 있다	5	
일반 네일 폴리시의 성질을 이용하여 마블 기법을 시행할 수 있다	5	
젤 네일 폴리시의 성질을 이용하여 마블 기법을 시행할 수 있다.	5	
평가	직무 수행 능력평가 2차	

학습준비(재료 및 도구)	재료(도구)명	규격	필요수량	비고
	빔 프로젝트, 책상, 의자			

포트폴리오

과목 : ______________________________

학번 : ______________________________

이름 : ______________________________

1-1. 워터마블 이미지맵

1-2. 워터마블

2-1. 폴리시 마블 이미지맵

2-2. 폴리시 마블

3-1. 점 아트 이미지 맵

3-2. 점 아트

4-1. 선 아트 이미지맵

4-2. 선 아트

5-1. 면 아트 이미지랩

5-2. 면 아트

6-1. 지브라 아트 이미지랩

6-2. 지브라 아트

7-1. 호피 아트 이미지맵

7-2. 호피 아트

8-1. 스트라이핑 테이프 네일 이미지맵

8-1. 스트라이핑 테이프 네일 이미지맵

8-2. 스트라이핑 테이프 네일

9-1. 필름 네일 이미지맵

9-2. 필름 네일

10-1. 데칼 네일 이미지맵

10-2. 데칼 네일

11-1. 라인 스톤 네일 이미지맵

11-2. 라인 스톤 네일

12-1. 대리석 네일 이미지맵

12-2. 대리석 네일

13. 선 마블

14. 부채꼴 마블